规律帮帮忙

发现规律

贺洁　薛晨◎著　哐当哐当工作室◎绘

数学的
萌芽

北京科学技术出版社

甜甜圈杯

"找规律，轻松跑"长跑挑战赛

找到规律，**才能报名。**

找到规律，**长跑轻松赢。**

甜甜圈等着你。

比赛时间：5月22日
报名方式：在操场大树下，
根据提示完成报名。

　　校园里到处贴着"甜甜圈杯"长跑挑战赛的海报。听高年级的同学说，冠军的奖品是世界上最好吃的甜甜圈。

　　"凡事都有规律！"这是鼠老师给鼠宝贝们的参赛提示。

　　勇气鼠摩拳擦掌："规律？那么，我心中的规律就是冠军只有一个。我要勇夺冠军！"

　　"走，我们一起去报名吧！"他大声招呼着大家。

选择一条有规律的小路，你就可以报名。祝你好运！

大家来到操场的大树下，看到一个指路牌立在那里，上面写着：选择一条有规律的小路，你就可以报名。祝你好运！

勇气鼠喜欢蓝色和白色，他正打算走那条蓝白色的路时，被学霸鼠一把拽了回来。

　　"凡事都有规律！"学霸鼠想起鼠老师的叮嘱，"我们先找规律。这里只有第一条小路是红色和黄色交替出现，其他两条小路的颜色没有规律，所以我们要走第一条小路！"

　　于是，大家一起走过这条红黄相间的小路。

　　这条红黄相间的小路果真通往一台自助报名机。报名机的屏幕上蹦出一行数字，勇气鼠想先随便填个数字试试。美丽鼠拦住了他，说："还是先找到数字的规律吧！"

　　这时，懒惰鼠从背包里拿出两个三明治："你们慢慢想吧，我实在太饿了。这两个三明治，一个原本是我的早饭，另一个原本是午饭，但我一直没有时间吃。现在两个加起来都变成下午茶了。"

　　"两个加起来！"勇气鼠想出了答案！2 + 3 = 5，3 + 5 = 8，5 + 8 = 13，8 + 13 = 21。接下来，13 + 21 = 34。

　　括号里要填的数字，是前面两个数字的和。这就是规律。

　　答案正确！每个鼠宝贝报了名，拿到了参赛证，每张参赛证的编号都不一样。美丽鼠一下子就找到了规律：自己的参赛证编号是以2开头的，其他鼠宝贝的参赛证编号是以1开头的。

从低排到高，
滑梯朝你笑。

　　拿到参赛证后，鼠宝贝们打算从原路返回。可不知什么时候，来时的小路变成了长长的滑梯！滑梯旁写着：从低排到高，滑梯朝你笑。

　　勇气鼠是班里的体育委员，这次一下子就明白了其中的规律。他指挥大家按照身高由低到高排队，按顺序一个一个坐上滑梯。

　　滑梯直接通到了教学楼！

　　鼠宝贝们都很认真，他们制订了训练计划，为即将到来的长跑挑战赛做准备。

　　勇气鼠每天放学后绕着操场跑步，整整跑 1 小时！

　　学霸鼠每天都读《规律冠军》，整整读 100 页。

美丽鼠每天起床后绕着自己的家慢跑，整整跑10圈！

捣蛋鼠每天练习爬楼梯，整整爬20层楼。

懒惰鼠坚持每天多吃3个三明治，他说三明治能给他带来好运！

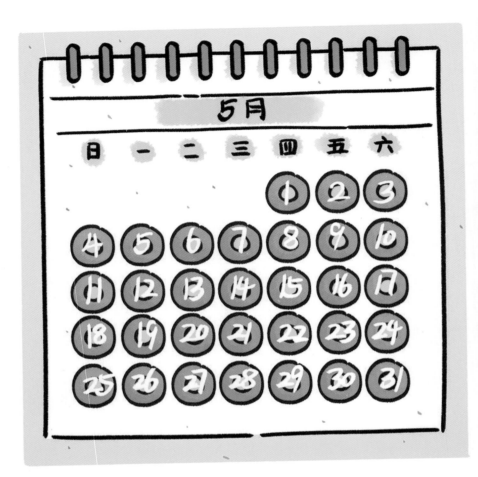

　　比赛一天天临近了，鼠老师为了督促大家训练，特意把一张日历贴在班里的墙上。日历上的规律，你发现了吗？

　　长跑挑战赛是在星期几举行的呢？

4 厘米

3 岁

5 厘米

4 岁

8 岁

?

　　挑战赛前一天，鼠宝贝们决定去拜访上一届挑战赛的冠军——长腿鼠学长。

　　听说，长腿鼠学长跑得快，是因为他的腿很长。

　　长腿鼠学长住在这栋楼的 405 号，鼠宝贝们很快就找到了大楼里房间的编号规律，找到了学长的家。

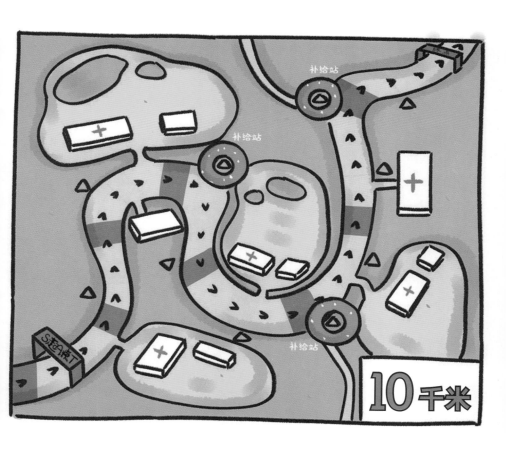

　　"凡事都有规律！"长腿鼠学长把自己的经验告诉鼠宝
贝们，"挑战赛全程 10 千米，每隔 1 千米都有一个标记；
每隔 3 千米都有一个补给站，你们可以在那里喝水。前半
程别跑得太快，要为后半程留足体力！"

　　5月22日，星期四，晴。随着裁判手中发令枪的枪声响起，选手们一起冲出起点！

　　"加油！鼠宝贝！加油！鼠宝贝！"小老鼠啦啦队整齐地喊着口号。

　　苍蝇啦啦队却是一片乱糟糟："嗡嗡嗡，快飞啊！嗡嗡嗡，嗡——"

　　嗯！还是整齐的加油声更能让选手们受到鼓舞。

　　青蛙解说员正呱呱呱地介绍比赛的情况："生气猫一直领先，但跑过 5 千米后，他有些跑不动了！在距离终点 3 千米时，勇气鼠突出重围，开始领跑！"

　　终点近在咫尺——勇气鼠在最前面，捣蛋鼠排在第二位，美丽鼠排在第三位，学霸鼠排在第四位。

　　懒惰鼠……大家都看不到懒惰鼠的影子，因为他早就跑不动了。

　　激动人心的时刻到了！

　　勇气鼠率先冲过终点，获得冠军！他得到了一个和桌子差不多大的金黄色甜甜圈。

　　捣蛋鼠的奖品是一串项链，项链上穿着 12 个精致的塑料小甜甜圈。美丽鼠穿了一件自己最漂亮的衣服去领奖，对她来说，照一张美美的获奖照片更重要！

找规律

找到事物的规律，能帮我们更好地预测和判断事物的发展和变化。

小朋友们，你们能根据故事找出以下问题的答案吗？

窗台上放着物品的房间分别是
201、_____、_____、_____。

项链上塑料小甜甜圈的排列规律：
_____。

在横线上填上正确的数字
5　8　13　21　34　__　__

日历中的星期日，分别是哪几个日子？
_____。

24